地質学者
古野 正憲

ワインは恐竜の時代がお好き

アルゼンチンの大自然から生まれる心と絆

メディア・ケアプラス

アルゼンチンの国旗
中央の太陽は「5 月の太陽」と呼ばれる独立のシンボル 上下の水色は海と空を表すとともに、正義、真実、友情を象徴している。

イグアスの滝
水量世界一の滝で、南米を代表する大自然の観光スポット。

アルゼンチンのソウル・フード「アサード」
日本でいうバーベキューのような料理（世界の食べ物用語辞典より引用）。

アルゼンチンのソウル・フード「エンパナーダ」
薄いパン生地で具材を包んだ料理。

サルタ州
サン・ファン州
メンドーサ州
ネウケン州
リオ・ネグロ州
ブエノス・アイレス
アルゼンチンワインの生産地

ワインは恐竜の時代がお好き

広大な平原と雄大な山々が広がるアルゼンチンには、世界有数のブドウ畑があります。国土の縦横に伸びるブドウの木々の中で、ブドウの木のエッセンス、気候、ワイン生産者の献身的な努力が詰まったワインが造られ、独特の風味と魅力的な複雑味を生み出しています。古野正憲氏が、その献身さと英知をもって、アルゼンチンワインの主な特徴、最も傑出したワイン産地、そして国際的に有名なワイナリーのいくつかを紹介しているこの本によって多くの方々にアルゼンチンを身近に感じていただければ幸いです。アルゼンチンのワイナリーを訪れれば、素晴らしいワインを味わうことができるだけでなく、ブドウ畑の美しさを探訪し、ワイン造りのプロセスを学び、ワイン産地の特産品の細やかな風味を引き立てる美食を楽しむという、(五感を駆使した）至福の体験が味わえます。アルゼンチンのワイナリーは世界有数の観光地です。アルゼンチンのワインは、単なる飲み物にとどまらず、文化と国家のアイデンティティの一部であり、栽培と発酵の過程では、大自然の生態系が生み出す魅力的な共生関係を垣間見ることができます。ブドウの木とワイン生産者の関係は、人と人、地域と地域の間の絆を深めます。また、その可能性を最大限に引き出すには、時間と努力、そして相互の思いやりが必要と思料します。アルゼンチンと日本の外交関係樹立125周年を祝うにあたって、私たちの友情は長いときを経るにつれて向上し、まるで良質のワインが生み出すように、熟成するにつれて、より豊かで、より深遠で、より価値のあるものになることを確信しております。アルゼンチンと日本の友情に乾杯しましょう。

アルゼンチン共和国特命全権大使
エドゥアルド・テンポーネ

「ワインは恐竜の時代がお好き」発刊にあたって

Tierra de vastas llanuras y majestuosas montañas, Argentina también es el lugar de algunos de los viñedos más prominentes del mundo. Entre las hileras de vides que se extienden a lo largo y ancho del país, se forja un vino que lleva consigo la esencia de la vid, el clima y la dedicación del viticultor que le otorga sabores únicos y complejidades fascinantes. Con gran gusto invito a recorrer estas páginas que, con dedicación y sabiduría, nos brinda el Sr. Masanori Furuno para conocer las principales características, las regiones más destacadas, y algunas de las tantas bodegas argentinas de renombre internacional. Visitar una bodega en Argentina no solo asegura la degustación de excelentes vinos, sino que también ofrece una experiencia sensorial completa, invitando a explorar la belleza de los viñedos, aprender sobre el proceso de vinificación y a disfrutar de una gastronomía que potencia todos los detalles y sabores de los productos regionales. ¡Un destino turístico inigualable! El vino en Argentina va más allá de ser una bebida; es parte de la cultura y la identidad nacional y en el proceso de cultivo y fermentación, la amistad también encuentra un paralelo encantador. La relación entre la vid y el viticultor es como la amistad entre personas y entre los pueblos; requiere tiempo, esfuerzo y cuidado mutuo para alcanzar su máximo potencial. Al celebrar 125 años desde el establecimiento de las relaciones diplomáticas de Argentina y Japón, podemos decir que, al igual que el buen vino, nuestra amistad mejora con el tiempo y se vuelve más rica, compleja y valiosa a medida que envejece. ¡Brindemos por la amistad entre Argentina y Japón!

Embajador Extraordinario y Plenipotenciario de la República Argentina
Eduardo TEMPONE

二人のアルゼンチンの旅は継続中

合同会社オクトリンク　ＣＥＯ 田中 徹

二〇一八年七月十日、羽田発エールフランス、パリ経由ブエノスアイレス行き、私は機内で白ワイン赤ワインと交互に飲みながら長旅の時間潰しをしていました。隣の席にいる古野氏も同様に飲みながらポツリポツリとアルゼンチンのブドウ畑はフランスのロマネコンティの地質に似ていて美味しいワインができるのだと話してくれました。この本のタイトルにもなっている「ワインは恐竜の時代がお好き」に秘密があるのだと……その時、これは本にすべきだと進言しました。それから5年間を費やし興味深いワインを堪能できる本が完成しました。この本を読めば、皆様の心と必ず共鳴するはずです。

「サルード（乾杯）!!」

プロローグ

人は、時間と空間を超越した「何かの縁あるいは絆」に遭遇すると、心が「ワクワク」します。

私は、今から四半世紀ほど前の一九九七年に「アルゼンチンにおける鉱物資源の有望地抽出調査」の調査団の一員としてアルゼンチンに渡航した経験が一度だけあり、アルゼンチン側のアンデス山脈にはチリ側と同様に、未開発の有望な銅や金の鉱床が存在する可能性が高いと考えていました。そこで、鉱業分野での新規プロジェクトを立ち上げることで、日本とアルゼンチン両国の経済関係を深化できないかと思い立ったのです。

このため、何らかの手がかりを得ようと当時の私の現地調査ファイルを開いたところ、ヒラヒラと古びた名刺が一枚落ちてきました。拾い上げてみると、それには当時現地調査団のアテンドをしていただいたエネルギー鉱業省副大臣（当時の肩書は鉱山局次官補）DM氏の名前でした。二〇一六年五月に開催された「日本-アルゼンチン官民経済フォーラム」に出席されたDM氏の、二〇年前の名刺だったのです。

二〇一七年の三月にチリでの鉱山調査の仕事を終えた私は、古びた名刺をたよりにアルゼンチンでの新たな鉱山開発プロジェクトの発掘を目的にDM氏と会うべく、ブエノスアイレスまで足を運びました。

当日はDM氏と再会を喜び、二〇年間の時が過ぎたことが嘘のように会話が弾みました。夕食には奥様もご一緒してくださり、歓談が一層盛り上がりました。席上、話題がアルゼンチンの特産物の一つであるワインに及んだところ、日本へのお土産話にと翌日からの鉱山視察の合間を縫うように数カ所のワイナリー見学のアレンジまで、DM氏にしていただきました。長い時を経ても心が繋がり続けて旧知の友（アミーゴ）でいられる。これが「心の共鳴（量子もつれ）」だと実感しています。

ワインはユーラシア大陸で八、〇〇〇年前に生まれた、発酵したブドウの果汁が源です。そして、有史以来、人の生活や文化に大きな影響を与えてきました。

ワインの原料となるブドウは、ヨーロッパにあった単一品種の果実ですが、長い歴史の中で何千もの品種が誕生し、それらのすべてが独特の個性をもっています。育った環境の異なるさまざまな品種のブドウを原料にして造られたワインには、人と同じような「心」が宿っており、それぞれが固有の波動エネルギーと呼べるような個性をもっているのです。

たとえば、ヨーロッパの有名なオークションにしばしば出品されて、一本百万円以上の値段が付くことのあるフランスの銘醸ワイン「ロマネ・コンティ」には、このような逸話があります。

あるワインの愛好家が、有名なフランス料理店に保管されていた「ロマネ・コンティ」を味わったところ、感動のあまりテーブルに泣き伏したそうです。これは、その人がこれまで積み重ねてきた経験や、その人の感受性の深さにも左右されるのでしょうが、ワインのもつ背景や熟成の状態とその人のもつ波動が極めて高度なレベルで共鳴した結果、味わった人の「心」に何らかの変容（感動）が生じたのではないでしょうか。

さて、それでは私たちがもっている「心」とは、どのようなものなのでしょうか？「心」には、私たちの肉体が「視覚」「聴覚」「嗅覚」「味覚」「触覚」からなる五感で感じるさまざまな刺激に対して、「喜怒哀楽」の感情で反応したうえで、そのときの情景を記憶するという働きがあります。そして、私たちは蓄積した記憶をもとに、次にとる行動を決めます。

また「心」は、一期一会のつもりでお会いした人（たとえば、アルゼンチンのDM氏）とも、お互いの波動が一旦共鳴し合うと、地球の表側と裏側という長い距離を越えて、また二〇年という長い年月を越えて、二つの心が繋がり続けるという性質があるようです。この「心」の性質は、素粒子（量子）が引き起こす「量子もつれ」という現象であることが、近年、ノーベル物理学賞を授与された科学者らによって解明されつつあります。

本書では、不思議なDM氏との「何かの縁あるいは絆」によって、アルゼンチンと関わることになった私が、同国の代表的な特産物であるワインとワイン造りを通した「心」の発生および成長プロセスについて考察したいと思います。

目次

第1章

アルゼンチンと
アルゼンチン・ワイン

1-1 アルゼンチンの概要

アルゼンチンとは、どんな国なのでしょうか？

アルゼンチンは南アメリカ大陸にあります。つまり、地球儀でいえば日本のほぼ裏側に位置します。面積は日本の約七倍のなんと二七八万平方キロメートルもあるのです。人口は四、五八〇万人（二〇二一年）で、約一億二、五七〇万人（二〇二一年）の日本と比べると、人口密度はかなり低いのです。首都のブエノスアイレスは「南米のパリ」ともいわれ、その名のとおりヨーロッパ建築の建物が多く、きれいな街並みです。

言語はスペイン語です。オラ HOLA（こんにちは）、グラシアス GRACIAS（ありがとう）などの言葉を聞いたことがあるのではないでしょうか。

アルゼンチンの文化といえば、「ワイン」「肉」「タンゴ」「サッカー」です。

特に、人口よりも牛のほうが多いアルゼンチンでは、ワインと赤身の軟らかいお肉の組み合わせは、鉄壁の「マリアージュ（フランス語で結婚を意味する言葉で、料理と料理の相性が良い場合やワインと料理の相性が良い場合に用いられる専門用語）」です。

アルゼンチンのソウル・フードといえば、「アサード」です。これは、日本でいうバーベキューのような料理で、ほとんどの家庭にこの「アサード」をするセットがあります。

みんなで集まるときや休みの日には、よく家族や友達とアサードをして、ワインやお酒を飲みながら楽しむのがアルゼンチンの習慣なのです。この習慣と国旗が示すようにアルゼンチンの人々はとにかく陽気です。

ブエノスアイレスの市街地

1-2 二五年来のアミーゴ

アルゼンチンの人々の気質を一言でいうと、「アミーゴのアミーゴは、私のアミーゴ」です。「アミーゴ」とは、スペイン語で「友達」を意味します。つまり、「友達の友達は、私の友達」なのです。

アルゼンチンに何度か行って思ったことは、会う人、会う人、みんなが、私の知っている人の名前を挙げて、「あの人は、私のアミーゴ」だと言うことです。たぶん、顔を見て知っているか、一度話しただけで普通はみんな「アミーゴ」なのです。ゆえに、アルゼンチンで、アルゼンチン人と一緒に仕事をするには、まず「アミーゴ」になる必要がありますが、それはとても簡単なことなのです。

たとえば、サンファン州の開発準備中の鉱山視察に行ったときの話です。この視察には、四名のサンファン州の鉱山局員が同行してくれましたが、初対面にもかかわらず、この四人がみんな愉快なこと愉快なこと。片道六時間以上、標高四、〇〇〇メートルの山越えが二回の道のりを機関銃トークでしゃべりっぱなしでした。あとで考えると私たちの眠気防止のためだったのかもしれませんが、とにかくアルゼンチンの人はサービス精神旺盛で、一度会ったら「アミーゴ」になるのです。

二〇二三年は日亜友好通商航海条約締結（一八九八年二月三日）から一二五周年となる記念すべき年です。そこで、トピックスを挙げて、過去一二五年間の日本とアルゼンチン両国に関連した歴史をちょっと振り返ってみたいと思います。

日露戦争当時、アルゼンチンはロシアのバルチック艦隊も欲しがっていた巡洋艦二隻を日本海軍に譲渡し、その結果、日本海海戦（一九〇五年五月二七日〜二八日）において日本海軍は無敵のバルチック艦隊を撃破しました。

その九〇年後、旧地下鉄丸ノ内線の赤い電車がブエノスアイレス地下鉄に渡ったのは一九九五から九六年にかけてのことです。現在走っている銀色の「〇二系」導入によって廃車が進んだのを受けて、線路幅が同じで、走行用の電力を供給する方式も共通していたブエノスアイレス地下鉄B線用として、一三一両が海を越えて譲渡されました。

また、日本からのアルゼンチンへの移住は一九〇七年に始まり、戦前に約五、四〇〇人が移住しました。第二次世界大戦後は一九四八年沖縄県出身者の親族呼び寄せ移住に始まり、一九九三年までに約二、八〇〇人が移住しています。アルゼンチン日系人社会の特徴は、沖縄県出身者（約七〇％）が多いことです。なお、現在の日系人総数は、六五、〇〇〇人であり、日本とアルゼンチンは日系人の存在もあり、長期間にわたって友好関係を維持しています。

かつて一九二〇年代のアルゼンチンは世界で十指に入るほどの裕福な国でした。しかし時は過ぎ、二一世紀に入ってすぐの二〇〇一年になると同国は経済危機に陥ります。それ以来、高い失業率とインフレが定常化し、アルゼンチンの経済は元気がありません。そこで私は、アルゼンチンの経済復興を目的に、同国の（鉱産物～水産物～農産物に至る）あらゆる分野の特産物の日本への輸入を検討するとともに、日本の誇るあらゆる技術を使ってアルゼンチン特産物の付加価値の向上を目指す「産業振興プラン」を考えました。実は、この本の執筆も「アルゼンチン産業振興プラン」の一環であるのです。

1-3

アルゼンチン・ワインの特徴

アルゼンチン・ワインの生産量は世界第五位で、日本でよく見かけるチリ・ワインの生産量よりも多いのです。

アルゼンチンにおけるワインの歴史は、一六世紀の植民地時代、イエズス会の修道者たちのためのワイン用のブドウ栽培によって始まりました。

その後、一九世紀になって大規模なワイン生産が開始されます。その契機となったのは、のちに大統領となるドミンゴ・サルミエント（Domingo Sarmiento）が、メンドーサ州に農業学校を設立したことでした。サルミエントは、チリで知り合ったミッシェル・プジェ（Michel Pouget）というフランス人農業技師にカベルネ・ソーヴィニヨン種やマルベック種などでのワイン造りの指導をお願いしたのです。その中で特筆すべき成果は、元々フランスのカオール地方でコーと呼ばれる品種の「マルベック（Malbec）」が、メンドーサ州の気候風土によく適応したので、昨今のアルゼンチンを代表する赤ワインのブドウ品種となったことです。

アルゼンチンのワインの産地は、国土の西側のチリ国境に近いアンデス山脈に沿った地域に多く、その中でもメンドーサ州で七割、その北側のサンファン州で二割のワインが生産されています。また、生産量および消費量ともに、白に比べて赤が圧倒的に多いアルゼンチン・ワインですが、白ワインで注目される品種が「トロンテス（Torrontes）」です。トロンテスには、リオハーノ、サンファニーノおよびメンドシーノがありますが、中でも同国の最も北西部で造られているリオハーノは香りが高く、花やハーブ、はちみつのような香りと、さわやかな酸味で特徴付けられる白ワインです。

また、最近では、アルゼンチンの南部のいくつかの州をまとめて呼称される「パタゴニア地域」で生産されるアルゼンチン・ワインが味わい深く、生産量も増加傾向にあり、非常に注目されています。

1-4 アルゼンチンのワイナリー巡り

メンドーサ州のワイナリー

●ボデガ・ノートン（Bodega Norton）

ボデガとは、スペイン語でワイナリーのこと。アルゼンチンの代表的産地であるメンドーサ州は、アンデス山脈からの風とミネラル豊富な雪解け水に恵まれています。この地方は一年のほとんどが晴天で、標高が高いために昼夜の気温差が大きく、ワイン造りに非常に適しています。また、一年を通じて乾燥した気候で病害虫がいないため、除草剤や殺虫剤の必要がありません。

ボデガ・ノートンはクリスタル・ガラスで有名なスワロフスキーが所有しています。アンデス山脈の麓《ふもと》にあり、「太陽とワインの州」メンドーサ州において「最高品質のワインを造る」

ことを目標にワイン造りをおこなっています。現在、アルゼンチン・ワインの中で日本への輸入量が最も多いブランドであり、日本を含む世界七〇カ国以上に輸出され、アルゼンチン国内でもトップシェアを競うワイナリーです。たとえば、カベルネ・ソーヴィニヨン・レゼルヴァ二〇一三（NORTON RESERVA 2013）は、ブラックチェリーやカシス、プラムの香りが華やかで、飲む前からその凝縮感がしっかりと感じられました。豊富な果実味と濃厚なタンニン、そしてほのかな樽香のバランスが良く、フルボディの仕上がりでした。二〇一六年頃、日

ボデガ・ノートン（Bodega Norton）

本でも一本を二、〇〇〇円程度で購入できた赤ワインです。日経新聞社主催のプロのブラインドテイスティングでも、堂々と一位に選ばれた驚異のコストパフォーマンスのワインでした。

●ボデガ・クロンティラス（Bodega Krontiras）

有機かつビオディナミ農法を取り入れているボデガ・クロンティラスは、二〇〇四年にコンスタンチノス・クロンティラス（Constantinos Krontiras）とシルビーナ・クロンティラス（Silvina Macipe-Krontiras）の二人が、彼らの愛するギリシャと酷似する風景に魅了されて、メンドーサ州のルジャンデクヨにあって八〇年以上の歴史のあったブドウ園農場を購入することを決めて設立されました。そして、彼らはワインを生産して保管する手法として、「ビオディナミ農法」に着目したのです。

「ビオディナミ農法」：別名生体力学農法。科学的に合成された肥料や農薬を一切使わない栽培に加え、天体の運行に合わせて特別な調剤を用いて自然がもつ潜在能力を引き出す農法。第2章の2－4において詳しく説明します。

ボデガ・クロンティラスの醸造チームは、認定された有機作物とビオディナミ作物による天然ワイン生産の専門家らで構成されており、自然そのものが流れるようにワインを造り出します。彼らは、できるだけ自然に仕事を任せて、生産に不可欠なことのみに介入します。

このブドウ園の土壌と地質も例にもれず、円レキ主体の砂レキ層と石灰分に富む基質部を特徴とします。

ボデガ・ノートンと比較すると、家族的な雰囲気のワイナリーでしたが、「ビオディナミ農法」を着実に実践しており、将来が

ボデガ・クロンティラス（Bodega Krontiras）にある土質の説明
ブドウ畑の土質は、例にもれず、円レキ主体の砂レキ層と石灰分に富む基質部を特徴とする

注目されるワイナリーです。

ビオディナミ農法で造られているワインであるからか、いずれのワインも飲んだ瞬間に自分の身体に調和しながら浸透していく感じがあり、ついつい一〇種近くのワインを試飲してしまって、帰る頃に私はベロベロになっていました。

●ボデガ・ファミリア・ズッカルディ（Bodega Familia Zuccardi）

アルゼンチンに行ってまず飲んでほしいワインは、ファミリア・ズッカルディ（Familia Zuccardi）のワインです。ズッカルディのワインは、大衆的なレストランから高級レストランにまで幅広く見受けられ、いろいろな価格帯のワインが楽しめます。

ズッカルディのワイン造りは、イン・アルベルト・ズッカルディが一九六三年にメンドーサ州のマイプで家業として始め、カリフォルニア州で使用されている方法に基づいて彼が考案した灌漑《かんがい》システムを導入しました。このワイン造りの旅が始まってから五〇年後、ワインへの情熱を傾ける三世代のメンバーが結集しました。ホセ・アルベルト・ズッカルディとセバスティアン・ズッカルディは、アルゼンチンのワイン造りに大きな影響力をもつ人物として異なるメディアで注目されています。

　このファミリア・ズッカルディの五〇年以上にわたるワイン造りには、「テロワール」（ブドウが育つための環境）にとことんこだわってきた歴史があり、非常に注目されます。

　彼らは、メンドーサ州の数カ所にブドウ園をもっており、その場所ごとに適したブドウ品種を栽培しています。その長年の経験から、アルゼンチンでの最上級のテロワールを提供するウコ・バレーにたどり着きました。

ウコ・バレーにあるピエドラ・インフィニタ農場（FINCA PIEDRA INFINITA）

●ウコ（UCO）・バレーのブドウ園

メンドーサ州のアンデス山脈の麓にあるウコ・バレーは、最も良質なブドウ栽培のオアシスです。この特権的なブドウ園は、気候、標高、土壌および地質のいずれもが完璧なテロワールを形成しています。ズッカルディは、ワイン造りで彼らのアイデンティティを表現するために、この農場でそれらのテロワールを忠実に解釈して活かすことで、今もなお挑戦を続けています。

ウコ・バレーのトゥヌヤン川沖積層の扇状地の中心に位置するこのブドウ園は、パラヘ・アルタミラの石灰質土壌の典型的な多様性の表れる場所です。この農場のブドウ栽培は、土壌の種類によって方向付けられたブドウ園の運営サイクル（剪定から収穫まで）の各々の工程を着実に実行しており、ブドウ園の中心にワイナリーがあります。

この農場は、ブドウ園からワイナリーまでの生産プロセスのすべてを分析および管理することを目的として造られた研究開発エリアで、五〇年にわたる試行錯誤の末にファミリーがたどり着いたウコ・バレーに二〇〇九年に設立されました。彼らは当初から、さまざまな種類の土壌をもつウコ・バレーの微小領域の分類に取り組みました。そこでは灌漑《かんがい》期間や、各種の伝導システムの使用、最適な品種、入手できるワインのスタイルと最適な収穫時期などを研究し、ブドウ園ごとに実践する慣行を完成させたのです。

この研究開発エリアでは、各地域のブドウ園で得られるすべての特性と多様性を維持することを追求しています。その結果、可能な限り最小限の人手の介入で、持続可能なブドウ園の運営方法を確立することに成功しました。

COLUMN 1

アルゼンチン・ワインの最近の評価

近年、フランスを始めとするオールドワールドワイン生産国では原料のブドウの不作が続いており、アルゼンチンを含むニューワールドワインのほうが総じて美味しく、コストパフォーマンスが良いようです。

二〇二〇年、『世界最高のブドウ園』の第二版が発行され、ズッカルディのウコ・バレーは国際的なブドウ園の中で、世界および南アメリカ大陸で最高のブドウ園に選ばれました。この賞は、世界中の五〇〇を超えるワイナリーでのワインツーリズムの質に焦点を当てて発表されたものです。審査員は、ワインの評価に加えて、美食、ルート、雰囲気、スタッフ、景色、価格、評判、アクセスのしやすさなど、あらゆる要素を比較できる、世界中のワイン・ソムリエ、優れた旅行記者らです。二〇二〇年の受賞者リストには、五大陸一八カ国のワイナリーが掲載されました。
世界で最高のワイナリー：ズッカルディ・ウコ・バレー（Zuccardi Valle de Uco）【アルゼンチン】。

また、ズッカルディのウコ・バレーのワイナリーで生産された「Zuccardi Finca Piedra Infinita 2016」は、世界中のワインを評価するロバート・パーカー（Robert Parker）の出版物『ザ・ワイン・アドヴォケート（The Wine Advocate）』でスペイン、チリおよびアルゼンチンのワインを評価している批評家のルイス・グティエレス（Luis Gutiérrez）から満点の一〇〇点を獲得しました。Finca Piedra Infinitaは、壮大なワイナリーがあるメンドーサ州のウコ・

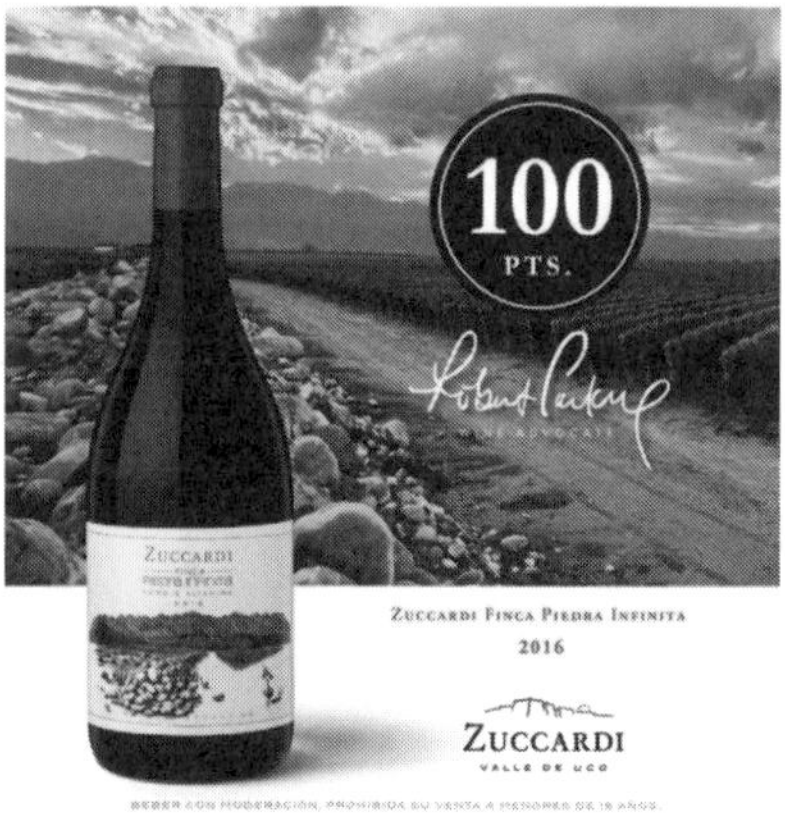

COLUMN

バレーのパラヘ・アルタミラにあるブドウ園のマルベックです。

パーカーポイント一〇〇点を獲得したワインは「その品種のクラシックなワインに期待されるすべての属性を示す、深く複雑な特徴をもつ並外れたワイン」と評されます。二〇一九年に南アメリカでパーカーポイント一〇〇点を達成したワインは、「Zuccardi Finca Piedra Infinita 2016」の一本だけです。

名実ともにアルゼンチンのワインは世界最高品質のワインになってきました。

また、アルゼンチン牛の赤身のステーキの味は、総じて豪州や米国の同ステーキの味と食感を凌駕《りょうが》しますので、アルゼンチンのマルベック種の赤ワインとアルゼンチン牛の赤身のステーキの組み合わせは鉄壁の「マリアージュ」であり、南アメリカで最も堪能したい食事の一つといえます。

パタゴニアのワイナリー

アルゼンチンの南部のいくつかの州をまとめた地域はパタゴニアと呼ばれ、この地域のワイン造りのブドウを育てる土壌は「チョーク（石灰）質」なのです。ちなみにチョークは白亜の語源です。

しかも、以下で述べるボデガ・ファミリア・シュローダーのブドウ畑の基盤の岩石中からは、中生代の生物進化の頂点に立った恐竜の化石が産出するのです。それを知った私の脳は覚醒し、ヨーロッパのワインの銘醸地である「ジュラシック・コート」から、なぜ、遠路はるばるアルゼンチンのパタゴニアにやってきたのかを夢の中の映像で表現してくれました。その映像とは、新生代の生物進化の頂点に立つ人類の代わりに恐竜がワイングラスを傾けている姿（表紙描画）だったのです。

ネウケン州のワイナリー

●ボデガ・ファミリア・シュローダー（Bodega Familia Schroeder）

ボデガ・ファミリア・シュローダーでは、私のリクエストに応えてブドウ畑の中に一〇カ所近くのピットやトレンチが掘削してあり、それらを調査することでブドウ栽培適地とそのほかの果実や野菜栽培適地の違いがよくわかりました。約五時間かけて調査をしたら、日曜日にもかかわらず社長と長男が出てこられました。一緒に昼食をとりながら、「今回のアルゼンチン訪問の目的は、日本人にアルゼンチンのワインほか同国の特産物を紹介することです」と説明すると、「ワインを何本でも日本にもって帰ってください。」とおっしゃいましたが、重いし、採取した石のほうが重要なので、航空運賃のエクセス覚悟で六本だけいただきました。さらに、ホテルまで一時間の道のりを社長自ら送ってくださり、大変恐縮しました。

ボデガ・ファミリア・シュローダー（Bodega Familia Schroeder）
恐竜化石の産出するワイナリー

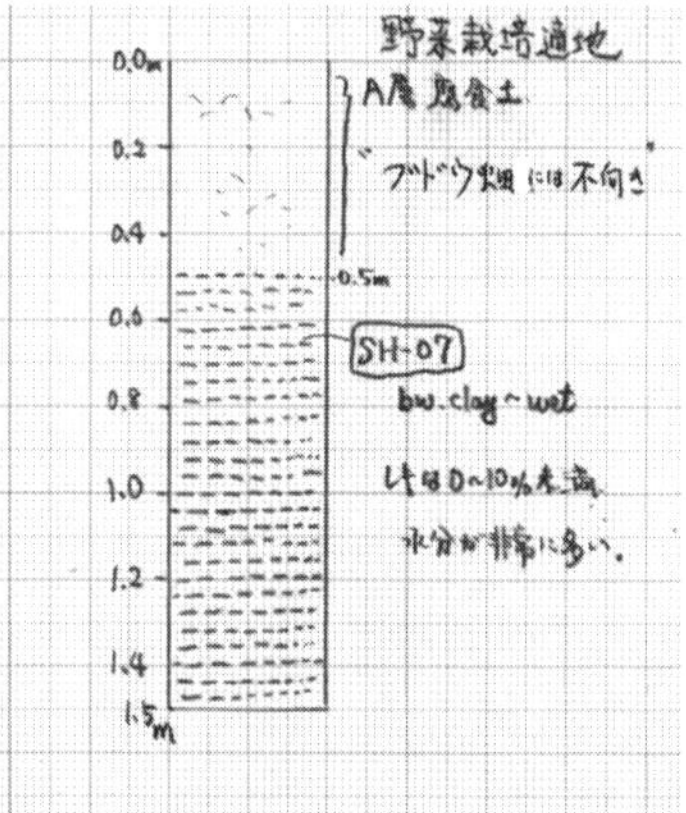

野菜栽培適地（右図）
水分を多く含む褐色の粘土主体の地層

新期ブドウ栽培適地（左図と写真）
砂レキ主体の地層で、レキは方解石の被殻部を有し、円レキで安山岩溶岩 70%、花崗岩 20%、1.3m 以深の基底部に保水性のアルカリ性粘土が分布する。SH-01 ～ 07 は土壌採取位置。

白亜紀（7,500万年前）の地層から産出した恐竜化石

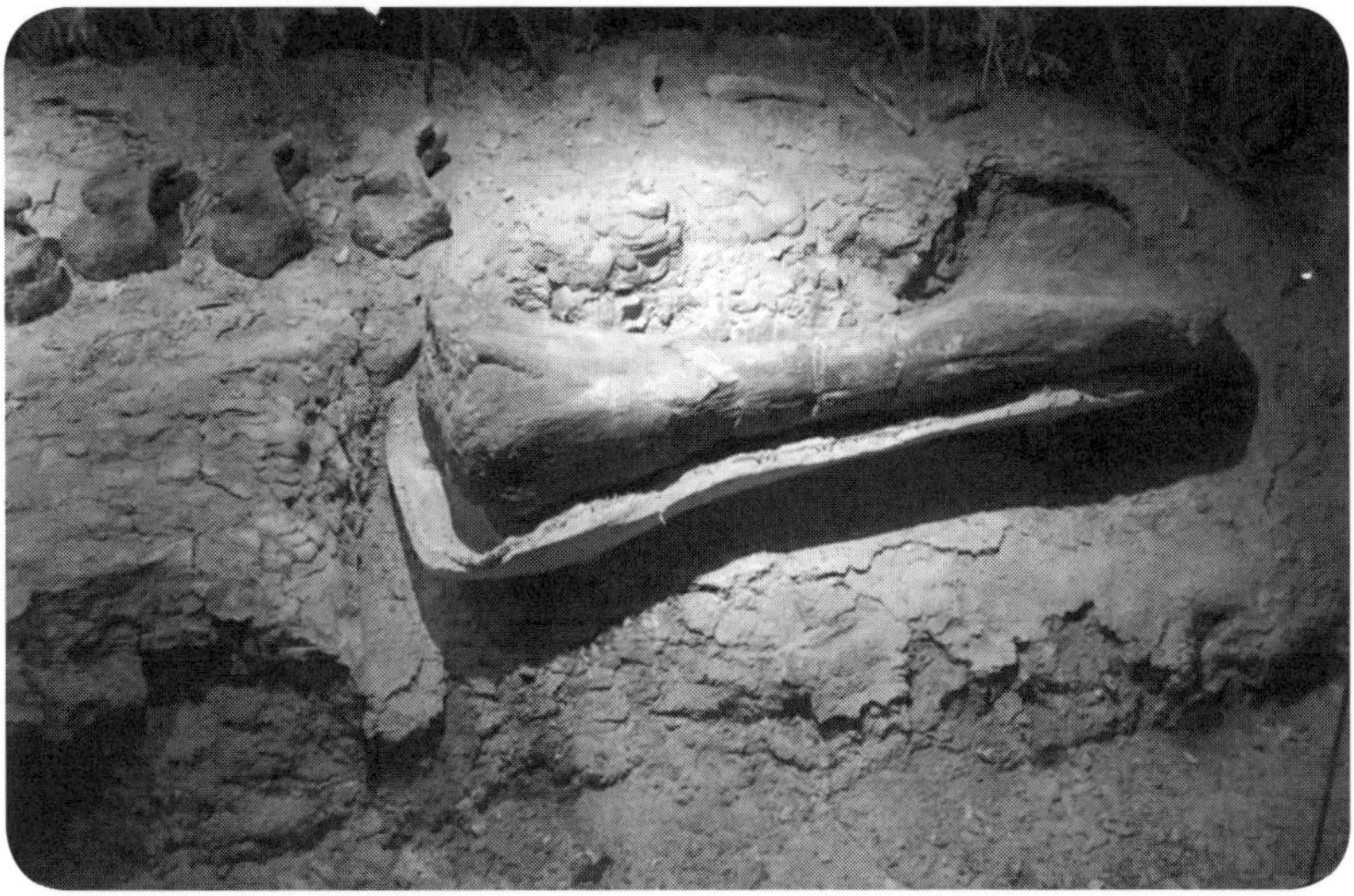

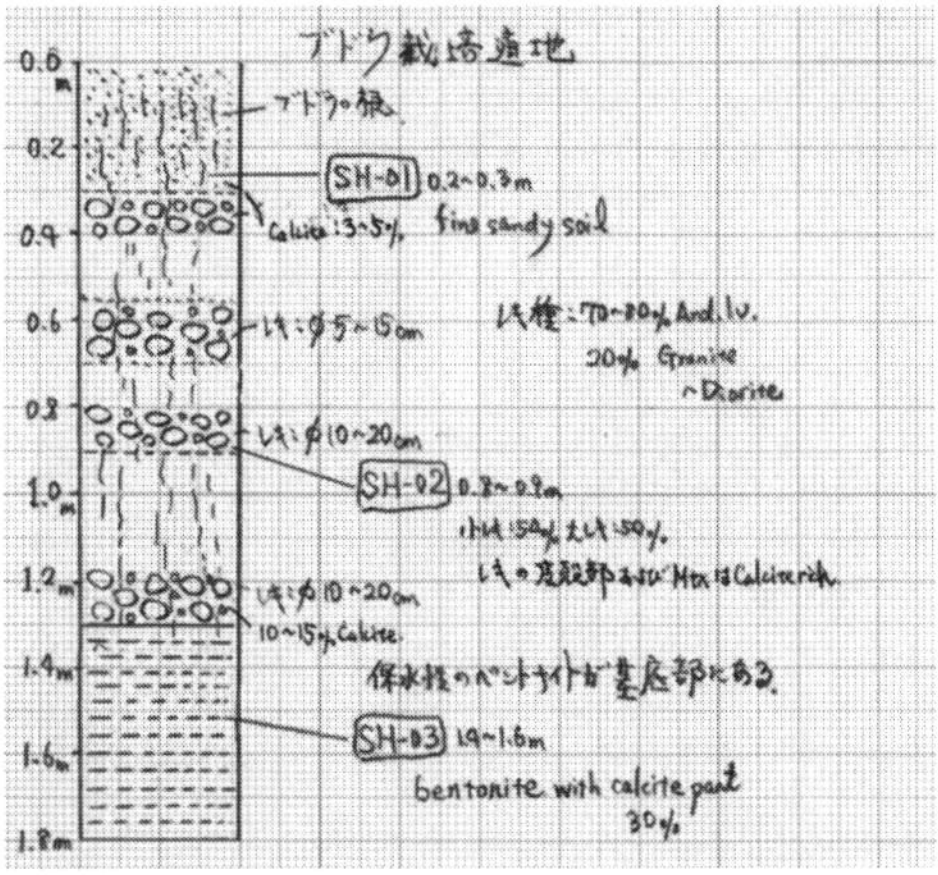

●ボデガ・パトリッティ（Bodega Patritti）

　ボデガ・パトリッティでは、オーナーのRuben Patritti夫妻が直々に自家用車で案内してくださいました。ここでのテーマは、ブドウ栽培土壌の検討です。ワイナリーの北部高台斜面のカルシウムに富んだレキ質土壌で造ったマルベックと、南部ネウケン川近くの低地で砂〜粘土質の保水性のある土壌で造ったマルベックに関して、採れたてのもの二種類、一年以上熟成させたもの二種類の計四種類を比較する試飲をさせていただきました。カルシウムに富んだレキ質土壌産のもののほうは紫色が濃く、芳香が強いうえ、後口がまろやかでした。ただし、

ブドウ栽培適地と野菜栽培適地で造ったワインの比較

ブドウの収穫量が少ないので、コストが高くなるとのことでした。オーナーは元石油会社の技術者で、地質のことに詳しく、ジュラ~白亜系の基盤（ここではチョーク）の重要性を理解されていました。

リオ・ネグロ州のワイナリー

●ボデガ・ノエミア（Bodega Noemia）

視察日、ボデガ・ノエミアには、午前一〇時頃に到着しました。このワイナリーは独自のビオディナミ農法を実践しており、「デメテール」の認定（ビオディナミ農法の国際的認証団体として最も権威のあるもの）には全くこだわっていないようでした。エノロゴ（醸造学者）のHans Vinding-Diers氏は、デンマーク人とイギリス人のハーフで、当初、私に対して簡単な説明をして終えるつもりのようでした。しかし、ピット掘り跡の観察時に、私がレキや基質部に石灰分があることを塩酸で確認し、「ブドウ造りにおいても栄養塩類やミネラル成分（微量元素）の影響を考慮すべきで、『心』は動物だけでなく植物や鉱物、そしてブドウから造られるワインにもあります。ワインの醸造はまさに『心』を生み育てることに等しいのです」と発言してから、エノロゴのHansとヘオロゴ（地質学者）の私は意気投合しました。レストランで赤身の軟らかいステーキとパーカーポイント九四点のマルベック種の赤ワインをご馳走になったうえ、二〇一六年にパーカーポイント九六点を取得した二〇一四年から瓶《びん》熟成中のカベルネ・ソーヴィニヨン種の赤ワインをお土産にいただき、ホテルに到着したのはすでに夕方でした。

ボデガ・ノエミア（Bodega Noemia）のぶどう畑

サンファン州のワイナリー

話は変わりますが、アルゼンチンのワイン生産量の七割はメンドーサ州、二割はサンファン州で占めています。しかし、地質から考えるとサンファン州やさらにその北部各州のほうがブドウの栽培には適しているのかもしれません。ただし、サンファン州の州都サンファン市付近の気温は夏季に四〇度近くにもなるため、サンファン州およびその北部でも標高一、〇〇〇メートル以上のアンデス山脈の麓付近がブドウ栽培の適地になるのではないでしょうか。

ワインに詳しい企業家の方とサンファン州最大のスーパーマーケットを視察してわかったことは、メンドーサ州のワインは輸出向けが多く、その価格に引っ張られて平均価格が高く設定されていました。サンファン州のワインは、メンドーサ州と同等のクオリティのものを二分の一から三分の一の価格で飲むことができます。

サンファン州のワイナリーは、まだブドウ栽培の農法において改良の余地がありそうで、ペデルナル・ヴァレー（Valle de Pedernal）が近い将来、良好なワインの産地になるような気がします。

以上、アルゼンチンにおいて複数のワイナリーを巡ったことで、「テロワール」や「ビオディナミ農法」などの環境が、ワイン造りに非常に重要なことが理解できました。

COLUMN 2

ワインの値段に影響するパーカーの評価

ここで「パーカーポイント」の解説をしておきたいと思います。パーカーポイントとは、世界で最も影響力のあるワイン評論家のロバート・パーカーが一〇〇点満点で実施するワインのテイスティング評価です。

ロバート・パーカーは、一九四七年にアメリカ・メリーランド州ボルチモアで生まれ、元は弁護士でした。ワイン好きが高じて、消費者の立場からワインの本を書いてみたいと考えて、一九七八年にワイン小売業者向けに自主独立のワイン情報誌「ザ・ボルチモア・ワシントン ワイン・アドヴォケート」（のちに「ザ・ワイン・アドヴォケート」と改称）を創刊しました。ワインを評価する「パーカーポイント」を考案し、それまでのワイン業界の常識を覆したのです。彼は、ワイン文化の発展に貢献した功績により、フランス大統領からレジオン・ドヌールの十字騎士勲章とメリット勲章を授与されました。彼はその驚異的な試飲能力と記憶力を称賛されて、〝世界一の舌〟や〝神の舌をもつ男〟の異名をもちます。

パーカーの圧倒的に的確なテイスティング能力は、ワイン業界に非常に大きな影響を与えており、パーカーポイントがワインの売れ行きをも左右しています。特に、ボルドーの新酒の先物取引では顕著で、五大シャトーなどの一級シャトーでさえ、パーカーポイントの発表を待って販売価格を決定します。彼が創刊した「ザ・ワイン・アドヴォケート」には広告が一切なく、パーカーポイントが中立で客観的な採点であることから、非常に大きな影響力を及ぼしているのです。また、それまで評価や解釈が難しかったワインの味わいを、単純明快な一〇〇点法でわかりやすく解説し、世界中にワインを広めたのは、まぎれもなくパーカーの功績といえます。

●パーカーポイントの評価方法

パーカーが評価に値するとしたワインであれば、すべて五〇点の持ち点が与えられます。

COLUMN

それに次のような評価点が加えられます。

◇ワインの総合的な色と外見に……**一〜五点**

◇アロマ（原料のブドウの香り）とブーケ（熟成してできた香り）の強さと複雑さ、清潔さに……**一〜一五点**

◇風味と後味は、味の強さと調和と清潔さ、後味の深さと長さを見て……**一〜二〇点**

◇全体の質のレベル、まだ若いワインの場合は、将来の熟成と進歩の可能性に……**一〜一〇点**

以上、すべてで最高点を獲得すれば一〇〇点が与えられます。パーカーポイントで本当に美味しいワインとされるのは八五点以上のもので、その割合は世界中のワインの中でほんの一パーセントに過ぎず、非常に貴重なワインといえます。

第2章

ワインの味を決める要素

2-1

ワインの醸造過程

ワインは、原料となるブドウの種類・生育環境（テロワール）、栽培農法および醸造過程などによってさまざまな顔を見せます。

ワイン造りは長い間経験的な手法でおこなわれてきました。その過程で培われてきたノウハウにもっと定量的な科学を組み合わせれば、最高品質のワインを醸造できるのではないかと考えたのですが、そんな甘いものではありませんでした。

ワインの銘醸地の気候条件は、乾燥（湿度が低い）気候で、気温の日変化が大きいことや日照時間が長いことなどが重要とされています。さらに、地質と土壌は地質年代でいうと中生代の、ジュラ紀や白亜紀の大陸棚でできた石灰岩が、河川の浸食によって再堆積したような排水良好な砂レキ層であることがワイン造りには最適です。このジュラ紀・白亜紀こそ、かつて世界中で恐竜たちが繁栄した〝大恐竜時代〟でした。ワインの元になるブドウの生育には、この時代の土壌が相性が良い。つまり「ワインは恐竜の時代がお好き」いうことになります。このようなワイン造りの条件あるいは環境のことを、フランス語では「**テロワール(terroir)**」といいますが、日本語にはこれにぴったりと当てはまる用語がありません。テロワールは日本語にない単語なので非常にわかりづらいと思いますが、たとえば日本の米作りをイメージしてください。米は全国で栽培されていますが、稲田ごとに味が異なります。これは、その土地ならではのテロワールの違いが大きいからです。ワインでも同じで、フランスの銘醸地ブルゴーニュでは、ピノ・ノワールという単一品種だけを使って赤ワインを造りますが、同じ品種を使って同じように栽培しても、「ロマネ・コンティ」の畑とそのほかの畑では味わいが全く異なります。これがテロワールの違いということなのです。

これらに加えて、当然、ブドウの種類もワインのベースとなる味を決定する重要な要素です。これはワインのもととなる果肉を構成する複雑な有機化合物の種類の違いにほかならないのです。ブドウの種類が人でいう人種のようなもので、その育て方の違いが「有機栽培」や「ビオディナミ」といった農法の違いなのです。さらに、現実的には、ブドウの醸造過程における微生物たちの働きをスムーズに進めることも、ワインの味を決める大きな要素といえます。

ワインが繰り広げる化学反応はたくさんありますが、まず酸素にさらされると香りのもとになる有機化合物の仲間と反応します。これが引きガネになってさまざまな化学反応が起こり、味や香りを生み出すのです。特に香りを引き出す物質の化学反応は最も複雑で、この複雑な化学反応の連鎖がワインの「心」を生むような気がします。そして、長い熟成期間中に時を超えて高いエネルギー状態がうまく保たれたワインの場合は、栓を開けた瞬間に酸素に触れることで、さらなる爆発的な化学反応を引き起こし、何ともいえない香りを醸し出すのです。それはまさに宇宙誕生時の「ビッグバン（創造エネルギーの大爆発）」さながらの光景と同じなのです。また、酸化が起きるうえで欠かすことのできないものが主に鉄、マンガンおよび銅などの金属イオンです。こうした金属イオンが含まれていなければ酸化は起きません。また、人と同じように「活性酸素」によって酸化すると、ワインのフルーティーさ（若々しさ）が失われるのです。このようにワインの醸造過程は、生き物の成長および老化過程ととてもよく似ています。

また、ワインの醸造過程では、途中のいくつかの段階でワインを酸素に触れさせることも重要なのです。この行為を適切に実施できるかどうかが良質のワインを造る大切な秘訣の一つでもあります。「いくつかの段階でワインに酸素を触れさせること」は、人が一生を通して経験するさまざまな「試練」と同じで、これらを乗り越えてこそ「心」が成長します。つまり、酸素に触れる「試練」を乗り越えたワインだけが良質のワインに仕上がるのです。

第3章では、テロワールやブドウの醸造過程で起こるさまざまな場（環境）の変化に適応して進化するワインに宿る「心」に着目して筆を進めることにします。

2-2 ブドウが育つための環境「テロワール」

まず、ワイン造りには欠かせない「テロワール」の概念をもう少し詳しく解説しておきたいと思います。

一言でいうと、テロワールとは「ブドウが育つための環境」です。つまりは、「場所」「気候」「土壌」および「地質」など、ブドウを取り巻くすべての自然環境に関わる事象のそれぞれの特徴のことです。ブドウだけでなく、すべての農作物はテロワールによってその品質や性状が大きく左右されますが、特にブドウはテロワールの影響を受けやすい果物で、そのブドウを原料にして造るワインには決して隠せないそれぞれの個性（心）が生まれます。

それでは、ブドウが育つための環境（テロワール）がブドウ栽培にどのような影響を与えるのでしょうか？

場所

ブドウ畑の位置する標高、緯度、方位、あるいは、太陽が当たる角度などでブドウの味わいが大きく変化します。

特に、標高、斜面の向き、および風の流れなどによっては隣接地であっても、日照、気温、降水量などに差が出るため、当然、ブドウの生育に影響が生じます。

気候

一般に暖かい気候では糖度の高いブドウができてアルコール度数の高いワインができ、逆に寒い気候では酸味が強くて糖度の低いブドウができます。

人間と同じくブドウにも、年平均気温が一〇から一六度程度の暑くもなく寒くもない快適な気候が最良とされています。

土壌

ブドウが根を張るために非常に重要になるのが土壌です。ワイン用のブドウを栽培するには一般的に水はけが良く、痩《や》せた土地が最適とされています。しかしながら、ブドウの健全な生育には水や窒素のほか、カルシウム・マグネシウムおよびカリウムなどのミネラル分が必要とされます。これらのミネラル分が多いと、土壌の構造が粗くなって通気性および水はけが良くなるだけでなく、土壌中の微生物の働きが活性化されます。また、ワインの原料となるブドウの生育には水の供給をコントロールする灌漑《かんがい》システムも重要です。

地質

地質は、大地の源であり、土壌の性状をも支配します。

たとえば、世界で最も高価なワインのブドウ畑「ロマネ・コンティ」の土壌の下に広がる、基盤となっている地質に注目してみましょう。

それは、地質時代でいうと恐竜が繁栄した中生代ジュラ紀の、石灰岩です。特に、ヴォーヌ・ロマネ村にある特級畑の基盤をなす石灰岩はピンク色をしており、微量成分としてマンガンが含まれた石灰岩なのです。実は、ピノ・ノワール種のブドウの熟成には、カルシウムと微量のマンガンの反応性を高める有機土壌が欠かせないのです。

これに対して、白ワインの定番であるシャブリにはウミユリや牡蠣《かき》の化石を多く含む、よりカルシウムに富んだ土壌が欠かせません。

シャブリの畑で見られる、粘土の中に石灰岩が混ざった土壌は、「キンメリジャン土壌」と呼ばれています。「キンメリジャン」とは、中生代ジュラ紀の地層の名称で、イングランド南部ドーセット州の村、キンメリッジに由来します。英仏海峡を挟みフランスと対峙するこの海岸線は、「ジュラシック・コート」といわれており、三畳紀、ジュラ紀および白亜紀といった中生代の地層が露出し、地層の主体をなす石灰岩中にはウミユリやサンゴなどの海洋生物の化石が多く含まれています。

キンメリジャン土壌は、基盤の石灰岩の中に「エグゾジラ・ヴィルギュラ（Exogyra Virgula）」と呼ばれる小さな牡蠣の仲間の化石が含まれているのが特徴です。昔からよく試される「生牡蠣にシャブリ」という鉄壁の「マリアージュ」も、この土壌なら説明がつきます。しかし、今のところ、土壌の成分が直接ブドウに取り込まれ、ワインの風味に影響を及ぼすことはないといわれています。ただ、生牡蠣とシャブリのブドウの生育に適した地質との相思相愛の関係は、一億年以上前のジュラ紀から続いており、それらの物質がもつ固有の波動同士が常に共鳴し、「マリアージュ」として調和のとれたハーモニーを醸し出すのではないかと私は考えています。

それでは、この物質同士の「相性が良い」とは、どういうことなのでしょうか？人も含めてすべての物質は、固有の振動数ないしは周波数をもつ「波動」あるいは「波動エネルギー」が変容したものです。したがって、物質と物質、人と人が、そばに引き寄せられて互いの「波動」が共振・共鳴すれば、「相性が良い」ということになります。

以上の事柄を念頭に置きつつ話を地質に戻しますが、新しいワインの生産国の呼称である「ニューワールド」の銘醸地を概観すると、北米カリフォルニアのナパ・バレー、チリのコルチャグア・バレー、アルゼンチン・メンドーサ州のウコ・バレーおよびパタゴニアのネウケン州とリオ・ネグロ州の州境付近など、すべてが地質年代でいう中生代の石灰岩に富む地層なのです。どうも、ワイン造りのブドウの生育には、石灰岩という基盤地質が重要な役割を果たしているようです。

ちなみに、石灰岩以外の岩石が基盤として存在する場合、たとえば、花崗岩質の地質で育ったブドウはライトボディのワインになり、フレッシュさと香りの純粋さが際立って花の香りが強くなります。一方、塩基性の火山岩類の基盤で育ったブドウからは、コクがあってストラクチャー（味わいの構成）のしっかりしたワインができるのです。

COLUMN 3

世界で一番高価なワイン「ロマネ・コンティ(Romanée-Conti)」

フランス中東部のブルゴーニュ地方の、コートドニュイ地区に「神さまに愛された村」ヴォーヌ・ロマネ（Vosne-Romanee）という村があります。

「ロマネ・コンティ」は、ヴォーヌ・ロマネ村にある特級畑の名前で、ＤＲＣ（ドメーヌ・ロマネ・コンティ）という会社が製造する、フランスを代表する世界最高級の赤ワインのブランド名でもあります。

「ドメーヌ」とは、ブドウ園と醸造設備をもち、ブドウ作りからワイン造りまでを一貫しておこなっているワインの醸造所のことです。

ヴォーヌ・ロマネ村は世界一の銘醸地で、「気候、土壌、地質、日照条件のすべてにおいて、ブドウ栽培に適しており、これが世界最高級のワインができるゆえんなのです。

特に地質と土壌は、基本的に石灰岩の上に粘土混じりの石灰質土壌が広がっています。この粘土と石灰岩のバランスにより、実に複雑で奥ゆかしい味わいのワインが生み出されるのです。このことを詳しく記述した内容が『新しいワインの科学』の中で、下記のように見られます。

「フランス・ブルゴーニュ地方で典型的な丘の斜面を見ると、その地質は、上から順に、硬い石灰岩、軟らかい石灰岩、粘土混じりの石灰岩、粘土となる。同じ斜面のブドウからできたワインを比べてみると、上のほうのあまり粘土のない石灰岩でできたブドウからつくったワインはタンニンが強く、力強さがあるが、こくとまろやかさに欠ける。ところが、斜面を下って、粘土混じりの石灰石畑から取れたブドウからつくったワインは、深みとこくがある上にストラクチャー（味わいの構成）がしっかりしている。一番下の粘土質で育ったブドウからは濃厚なワインができるが、熟成がうまくいかない。フランスでは、粘土と石灰岩が混じり合った土壌を『アルジロ・カルケール』と呼び、フランス人は一、二〇〇年近く前から観察を積み重ねて、ピノ・ノワール種とシャルドネ種を最高の状態で育てるには、石灰岩と粘土が混じり合った土壌が必要なことに気づいたのである（マイク・ウィールジング談）」

ヴォーヌ・ロマネ村には、六つの特級畑（グラン・クリュ）がありますが、中でも1.6ヘクタールほどの小さな畑ロマネ・コンティで生産されるブドウからは希少価値の高い最高品質のワインが年間六、〇〇〇本程度しか造られません。

使用するブドウ品種はピノ・ノワールという品種で、色調はルビーから黒いチューリップ

COLUMN

の色までさまざまですが、比較的薄い色が多いようです。スパイスを基調に、イチゴやキイチゴにカシスなどの熟した果実香が加わります。複雑で洗練されたアロマが溶け合い、熟成とともに煮詰めた果実やなめし革などの香りが現れるのです。ビロードのような舌触りと品のある口当たりで、タンニンが豊かで、格調高いピノ・ノワールの真髄が感じられます。このワインは、瓶内での長期熟成を経ることでオイリー感と立体感が増し、コクのある官能的なワインに仕上がっていくのです。

フランス・ブルゴーニュ地方、コート・ドゥ・ニュイ地区の地質断面図

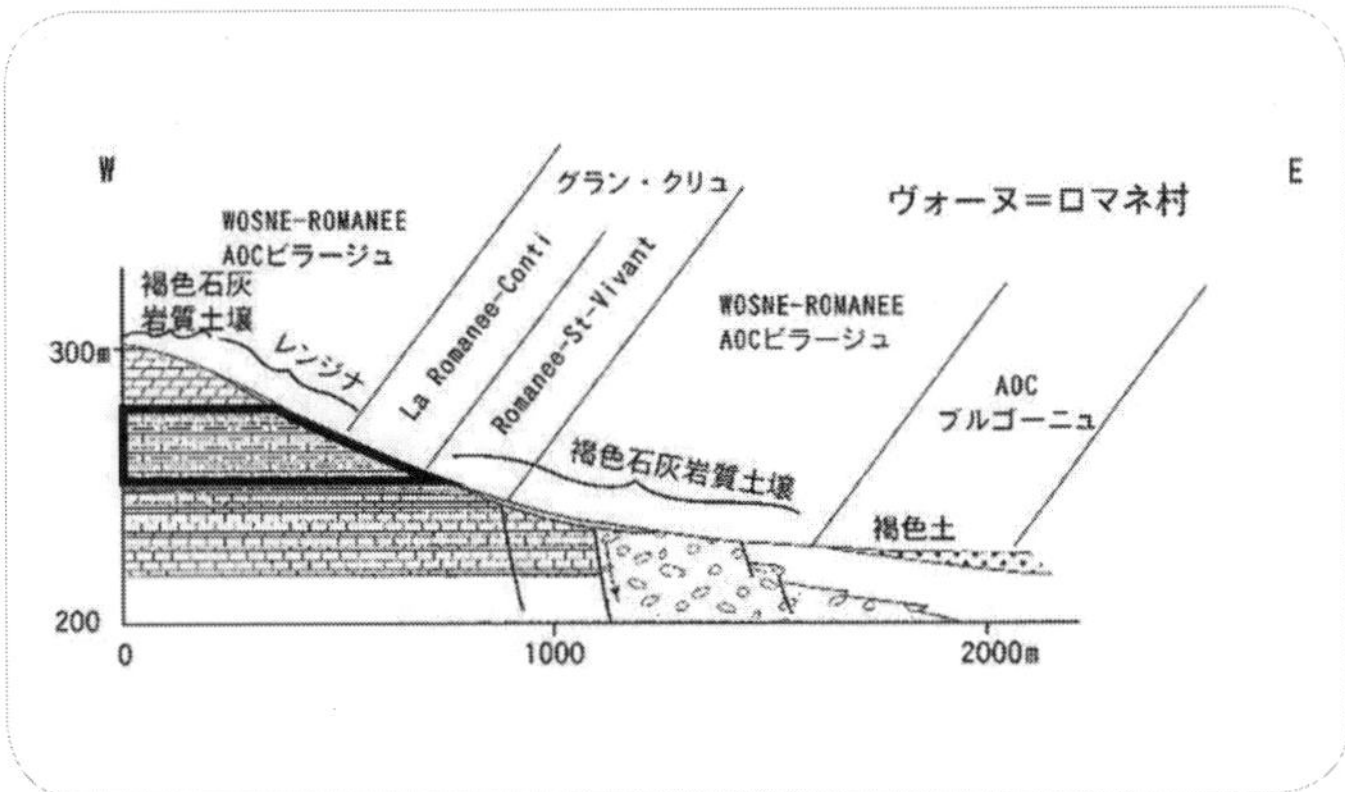

ロマネ・コンティ（La Romanee-Conti）のブドウ畑直下の地層（太枠内）は、「ジュラ紀のピンク色の石灰岩」

2-3 醸造過程における微生物たちの働き

テロワールと並んでワインの味に大きな影響を与えるのが、その醸造過程における微生物たちの働きです。

酵母は、ワイン醸造において最も重要な微生物です。酵母はブドウの果皮に存在し、糖分をアルコールと二酸化炭素に変える「発酵」をおこないます。この過程によって、ワインにアルコール分が生じます。また、酵母はワインの風味や香りにも大きな影響を与えます。

酵母以外の微生物として、乳酸菌や酢酸菌などの細菌類もワインの醸造に関与します。乳酸菌はリンゴ酸を乳酸に変換する乳酸発酵をおこない、ワインの酸味と安定性に寄与します。一方、酢酸菌はエタノールを酢酸に変える酢酸発酵をおこないます。望ましくない風味を引き起こす酢酸の存在はワインの品質に悪影響を与えるため、酢酸の制御が重要なのです。

ワイン生産者は醸造プロセスを管理し、ワイン造りに望ましい微生物の働きを促進します。

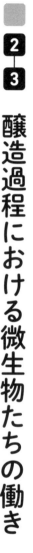

ワインの醸造過程では、次々と主役になる微生物が交代し、ブドウ果汁をワインに進化させます。これはまるで地球上で繰り広げられてきた「生物進化の歴史」を彷彿《ほうふつ》させるのです。

2-4 不思議な有機農法「ビオディナミ」

農薬と化学肥料を駆使する「科学農法」に対して、農薬や化学肥料を使わない自然な農法を「有機（ビオロジック）農法」といいますが、その中でも「ビオディナミ（bio-dynamic）農法」は太陰暦に基づいた農業暦に従って種まきや収穫などをおこないます。

ビオディナミ農法は、持続可能な有機農業の一形態です。この農法は、一九二〇年代にオーストリアの哲学者であるルドルフ・シュタイナーによって提唱されました。彼は「農業は自然との密接な関係に基づいておこなわれるべきであり、土地、植物、動物、人間、そして宇宙の間の関係を尊重する必要がある」と主張しました。

ビオディナミ農法は、土壌の健康と生物多様性を重視します。主な原則は次のとおりです。

◇動物、植物、土壌、そして宇宙的なリズムのバランスを重視する。

◇循環的な農業システムを確立し、自家製の堆肥を使用する。
◇月のリズムや星の位置を考慮し、種まきや収穫のタイミングを決定する。
◇化学合成物質や合成肥料の使用を避け、自然のリソースを最大限に活用する。
◇生物多様性を尊重し、自然の生態系を保護する。
◇農場を一つの統合された生命的（有機的な）システムとして捉える。

ビオディナミ農法は、環境への負荷を最小限に抑えながら、土壌の健康を改善し、作物の品質を向上させることを目指しています。また、人間の健康への影響や食品の栄養価にも焦点を当てています。

ビオディナミ農法の基本概念は、農場全体を一つの生命体とみなして、それを月の満ち欠けや宇宙のリズムといったもっと大きな自然の枠組みの中で位置付けることです。つまり、大気を含む地球上のすべての物質と生物が相互に関係し合い・影響し合って、地球という「巨大な生命体」として振る舞っているという考えなのです。実際に、普通のブドウ園とビオディナミ農法を実践しているブドウ園の土壌を比較すると、後者のほうで有機物の含有量が多く、かつ微生物の活動も活発になることから、明らかに土壌の質の向上が認められます。

COLUMN 4

ワインの女神、マダム・ルロア

ルロワ（Leroy）は一八六八年に「ネゴシアン（Négociant）」として設立され、ブドウやワインの買い付け、熟成・瓶詰めなどをおこなっていました。ネゴシアンとは、フランス語で「卸売業者」を意味する言葉で、一般にワインの流通に携わる業者を指します。ネゴシアンとドメーヌの違いは、ブドウの栽培をしているかいないかです。

マダム・ルロワは、先代のアンリ・ルロワ氏より、ネゴシアンとしてのルロワとドメーヌ・ロマネ・コンティ（DRC）の共同経営者の座の両方を引き継ぎました。

あるとき、彼女はロマネ・コンティの味の質的変化を感じ取り、化学肥料などの影響によって土壌が痩せてきたのではないかという疑念をもちます。そこで、自身の考えを証明するために一九八八年に自らのドメーヌとして「ドメーヌ・ルロワ」を設立し、畑を所有してブドウを生産するところからワイン造りに携わるようになりました。一方、DRCのほかの経営者たちは自らのドメーヌを設立したマダム・ルロワを快く思わず、内部で対立することになります。マダム・ルロワは一九九一年にDRC共同経営者の座を追われ、ドメーヌ・ルロワに注力することになります。

マダム・ルロワは、まず畑の生命力を取り戻すために化学肥料を撤廃しました。そして、有機農法の中でも天体の動きに合わせて農作業をしていく既述の「ビオディナミ農法」をいち早く取り入れたワイン造りに取り組んでいったのです。

そうした試みが奏功し、一九九三年にはワイン評論家のロバート・パーカー氏が、ルロワのワイン三本に対して同時に一〇〇点を付けました。この快挙によって、マダム・ルロワはDRCを超える評判を得るまでになりました。そして、「ドメーヌ・ルロワ」と「DRC」の競い合いは三〇年を経過した今でも続いています。

ちなみに、世界最大のワイン検索サイト「ワイン・サーチャー」が、二〇二〇年の世界で最も高価なワインを発表したところ、トップは二〇一九年に引き続きロマネ・コンティ

COLUMN

で、その平均価格は一万九、三七八ドル、そして二位がドメーヌ・ルロワのミュジニーで一万七、二二四ドルでした。しかしながら、ワイン・サーチャーが二〇二二年末に発表した「世界で最も偉大なワイン」のトップ一〇には、マダム・ルロアが手がけた七つのワイン銘柄が入りました。ドメーヌ・ルロワのワインはリリース本数が少なく、希少性が高いことから、最高値を付けたのはドメーヌ・ルロワ・ミュジニー（Domaine Leroy Musigny Grand Cru）の四万二、五二四ドルでした。したがって、今では「ルロワ（Leroy）」が実質的に高級ワインの頂点に君臨しているといっても過言ではないでしょう。また、ビオディナミ農法の第一人者であるマダム・ルロアは次のように述べています。

「涙の成分は科学的に分析できます。しかし、私にとって最も重要なのは、（涙には「感情」があり）喜びの涙もあれば、悲しみの涙もあるということです。ビオディナミ農法によるワイン造りの原点はそこにあります。科学では割り切れない大いなる存在を認め尊重すること、それが物造りの基本姿勢でもあるのです」

2-5 ワイン・テイスティングの要

私たちが普通「味」や「風味」だと思っているものは、四つの感覚情報が複雑に絡み合ったものです。その四つとは「味覚」「嗅覚」「触覚」「色覚（視覚）」です。そして、私たちはそれらの感覚で「甘味」「塩味」「苦味」「酸味」「旨味」といった五種類の味を感じることができます。また、厳密にいうと味覚とは、舌にある特殊な感覚器官である「味蕾《みらい》」から入る情報だけを扱う感覚なのです。一方、嗅覚は何千種類もの香り物質である揮発性化合物を識別できます。実際にワインの風味は、嗅覚機能が感知する複雑な香りを主体としています。

本来、哺乳類は自分の周りの現実を把握するために、嗅覚と味覚を発達・進化させてきました。したがって、重要なアクションの選択は、嗅覚と味覚から得られる情報を優先します。嗅覚には「レトロネーザル（口腔香気）」と「オルソネーザル（鼻腔香気）」の二つがあります。オルソネーザルで感じるのが一般に香りと呼ばれるもので、レトロネーザルは食べ物を噛んで飲み込むときやテイスティングのためにワインをすすったときに感じるものです。この二つの嗅覚情報は、脳内で分析される場所が異なります。また、味覚と香りは口から来ているので「風味」として扱うように脳に指示が出されます。つまり、味覚と嗅覚は補完的な役割があり、特に「嗅覚はワイン・テイスティングの要」なのです。

2-6 ワインの味わい方

私たちがワインを「味わう」という体験は脳の中で起きます。ワインを味わうとは、感覚器官が情報を脳に送り、神経細胞同士が電気信号をやり取りしながらその情報を処理することにほかならないのです。犬や猫には、嗅覚がもたらす生き生きとした世界があります。それに引き換え人間は、嗅覚の能力を大幅に失った代わりに優れた色覚を進化させました。哺乳類の多くにとって、本来は味覚と嗅覚が非常に重要なのです。それらを通して自分の位置を判断したり、集団の秩序を保ったりするからです。

私たちは、得てして感覚器官が周囲の世界をありのままに表現していると思いがちですが、実際に私たちが経験している現実は、脳によって編集された3次元のホログラムなのかもしれません。

また、ワインの評価には「学習による記憶」が大きな役割を果たしています。つまり、もっている知識(情報)によって感じ方が変わるのです。たとえば、全く同じ品質の赤ワインに五、〇〇〇円と一、〇〇〇円の値札が付けられている場合、ほとんどの人々は「五、〇〇〇円のほうが美味しい」と言います。

人が、ワインを飲んで「美味しい」という感情を得るまでにはとても複雑な過程を経ます。まず、ワインを口に入れる前に、その出生場所を含む生い立ちの情報「フランス産かアルゼンチン産か？　アルゼンチン産なら醸造場所はメンドーサ州か？　ワイナリーの名は？　原料のブドウの種類は？　製造年は？」などです。私たちは、これらを「学習による記憶」によって比較・検討します。

次に、色覚でグラスに入った色を見ることから始めます。光の当たり方による色の違いや、グラスの縁に向かって徐々に薄くなっていく色の変化を確認します。

さらに、そのままで立ち上る香りを嗅覚のオルソネーザルでキャッチします。そして、ワインをグラスの中で回転させることでより多くの空気に触れさせ、香りの変化を楽しみます。それから、ワインを少し口に含み、舌先から下の両端、舌の奥、舌の全面と、感受性の異なる部分を移動させて、さまざまな側面の味覚情報を収集します。それが一通り済んだら口をすすぐようにして空気を混ぜて、香りと味の表情の変化を楽しんでから、静かにのどに流し込んで、口の中に残る余韻とともに鼻に抜けていく香りをワイン・テイスティングの要である嗅覚レトロネーザルで嗅ぎます。このような過程で収集したいくつもの統合された情報は、脳内のいろいろな器官へ電気信号あるいは波動として送られ、化学反応を引き起こす形で処理されます。この無数の化学反応を統合した結果が「美味しい」という至福の感情を生むのです。

こうした一つひとつの過程で意識を広範囲のヴァイブレーション（振動）に変化させると、ワインのもつさまざまな波動に感応します。我々の五感を研ぎすましてて、より精妙なヴァイブレーションにも感応することができるようになると、酸っぱいとか渋いとかいったワインの表面上の姿から、次第にワインの奥深くに潜んでいる世界に入り込んでいきます。そして、元のブドウが育てられた畑の風景から、その年の天候、造り手の人格やワインに対する情熱、さらにはワインを生み出した「大いなる源」の臨在に至るまで、過去・現在・未来におけるさまざまな体験の記憶を思い出させてくれるような気がします。

おそらく人がワインを飲んで「美味しい」という感情を得るまでには、スーパーコンピュータ並みの計算速度で電子が脳内を旅しているか、場合によっては光の速度を凌駕する素粒子の波動共鳴現象が起こっていると考えられるのです。

COLUMN

5

ブルゴーニュワインとボルドーワインの違い

フランスには、「ロマネ・コンティ」で有名なワインの生産地ブルゴーニュ地方のほかに、「五大シャトー」で有名なボルドー地方があります。

ブルゴーニュ地方のワインは、ピノ・ノワールという単一のブドウ品種を熟成させて造られるのに対して、ボルドー地方のワインは一般にいくつかのブドウ品種をブレンドして造られます。

ブルゴーニュワインとボルドーワインは、ボトルの見た目から大きく違います。ブルゴーニュワインの瓶の形状は「なで肩」で、ボルドーワインの瓶の形状は「いかり肩」をしています。また、ブルゴーニュ地方のワイン生産者の名称を「ドメーヌ」というのに対し、ボルドー地方のワイン生産者には「シャトー」という名称を使います。

そして、両者の違いは赤ワインに注目するとわかりやすく、ブルゴーニュの赤ワインは淡い色合いを示すのに対して、ボルドーの赤ワインは濃い色合いを示します。この違いは使用されるブドウの品種にあります。ブルゴーニュの赤ワインに使用されるブドウ品種は主にピノ・ノワールで、ピノ・ノワールは一般に単一品種で使用され、優美でかつ高貴な品種で、色合いは透き通るほどに淡く鮮やかです。また、渋みはソフトで、酸味はしっかりしており、前述の「ロマネ・コンティ」を造るためにも使用されます。

一方、ボルドーワインで使用される赤ワインのブドウ品種は、カベルネ・ソーヴィニヨン、メルロ、カベルネ・フラン、プティ・ヴェルドなどで、一般にこれらをブレンドして使用します。ブレンドの主体はカベルネ・ソーヴィニヨンとメルロで、両方とも色合いが濃紫赤色で渋みに富んでいることから、ボルドーワインはしっかりと力強い重厚な味わいに仕上がります。ボルドーワインの特徴でもある渋みは、熟成とともに柔らかくまろみを帯びるので長期熟成に向いています。

ボルドーでは、シャトーごとに一級から五級まで五段階の格付けがなされており、これを

「メドック格付け」といいます。六〇ほどあるシャトーの中で、最高峰の一級を獲得しているのが「五大シャトー」なのです。ボルドー地方のメドック地区にある「シャトー・ラフィット・ロートシルト」「シャトー・ラトゥール」「シャトー・マルゴー」「シャトー・オー・ブリオン」に、クラーヴ地区の「シャトー・ムートン・ロートシルト」を加えた五つが、ボルドーの五大シャトーといわれています。これら五大シャトーのうちで、私が最も進化を続けていると思うのが「シャトー・ラトゥール」です。

シャトー・ラトゥールは「常に抜群の品質で、力強く、荘厳」なスタイルで、どのヴィンテージであっても、鮮烈な個性を放っています。その完璧なまでの品質主義により、常に進化を続けているシャトーです。ロバート・パーカー氏は「世界で最も凝縮感のある豊かで、フルボディなワインの一つ」と形容しています。

シャトー・ラトゥールの所有する三つの畑は、ポイヤック村の南部、サン・ジュリアン村との境目、ジロンド河沿いに位置します。水はけの良い「砂レキ土壌」、よりきめ細かい「レキ質土壌」、そしてメルロに適した「泥混じりの石灰質粘土」という三つの土壌と地質の要素で構成されています。二〇〇九年からランクロの畑をビオディナミ農法に転換し、

COLUMN

二〇一五年からは所有する畑全体をオーガニック栽培に転換しました。

ボルドーワインでも、さらに高いレベルのワイン、つまり「心」をもつワインに仕上げるためには「ビオディナミ農法」が不可欠の要素であるような気がします。

第3章

ワインの心

3-1 ワインは恐竜の時代がお好き

　この本を執筆するにあたり、まず世界で最も高価なワインのブドウ畑「ロマネ・コンティ」の土壌の下に広がる地質に注目したところ、恐竜が繁栄した中生代ジュラ紀の石灰岩でした。それでは、私たち人類が登場する前の中生代の「（広い意味でのテロワール）地球環境」はどのような状況だったのでしょうか？

　今から一億年から二億年以上前の地質年代を示す中生代は、二畳紀《にじょうき》末期の生物の大量絶滅を生き残った恐竜たちが栄えました。三畳紀から相次いだ火山活動の結果、大気中の二酸化炭素濃度は高くなり、中生代は現在よりも暖かく、降水量が多く、湿度も高かったのです。そのため動物、植物はともに種類が増え、大型化していきました。

　特にアルゼンチンでは二億三、〇〇〇万年前の世界最古の恐竜化石が産出しており、長い時間をかけて恐竜に巨大化の連鎖がもたらされた結果、ほかの大陸より恐竜という種に多様性が見られます。そして、アルゼンチンには世界最大級（全長三五～四〇メートル）の恐竜「プエルタサウルス」が生息していたのです。この恐竜は、肉食恐竜から身を守るために巨大化したと思われ、わずか二〇年ほどで三〇メートル以上に成長しました。また、プエルタサウルスは卵を地熱で温めていた可能性があります。産卵から三カ月後、厚さ一センチメートル以上あった卵の殻《から》が酸性熱水で溶けて二ミリメートルほどになると、自ら殻を破って生まれてきたらしいのです。中生代末に生息した恐竜は、相当な知能（高度な意識）をもっていたのかもしれません。

しかし、この中生代に栄えた恐竜たちも、巨大隕石《いんせき》の衝突が主因とされる急激な気候変動の影響で約六、六〇〇万年前に絶滅してしまいます。恐竜に代わって哺乳類が一斉に進化・発展を遂げる新生代が幕を開けることになります。

私たち人類が生まれ、進化し続けている現在の時代は新生代と呼ばれています。一方で、新生代より古い中生代の進化の頂点にいたのが爬虫類の仲間である「恐竜」なのです。

生物は、四六億年の地球進化の過程において、約三八億年前に誕生しました。恐竜をはじめ、あらゆる生物は、激しく変化する環境の中で「記憶（情報）」として存在し続けています。その記憶としての生き残りの仕組みは、「絶滅と進化」にあります。世代交代による死と生の繰り返しは、生物に種の多様性をもたらすだけでなく、「心」の成長を促すのです。その「進化」の性質のおかげで、現在の私たち人間も含めた多種多様な生物にたどり着いたのです。

生き物にとっての「死」は、自然で、しかも必然的なものです。たとえばサケは産卵とともに死に、死骸はほかの生き物の餌となります。まさに、「死」と引き換えに「生」が存在しています。

ただし、人間の場合はかなり複雑で、死に対する恐れがとても強く、特に身内の死には大変なショックを受けます。このように、人間が死に対してショックを受けるのは、強い感情をもつ生き物だからです。喜んだり悲しんだり、あるいは相手に同情したりする共感の感情は、大型哺乳類や鳥の一部にも見られますが、人間の感情はほかの生き物より抜きん出て強いようです。この同情や共感という感情は、人間が進化の過程で獲得したものです。つまり、自分だけが生き残れば良いという利己的な能力よりも、集団や全体を考える能力のほうが大切であり、激しく変化する環境の中で人間は「共認機能」の進化を選択してきたのではないでしょうか。

このように生き物が必然的に死を迎えるからこそ、生き物に宿った「心」は高度に成長・発達するのではないでしょうか。生と死が大切だと実感できるのは、我々の「心」が進化・成長しているからなのかもしれません。

恐竜にも、ワインにも、そして私たち人間にも、「心」があります。

恐竜という生き物は中生代末に絶滅しましたが、恐竜たちの「心」は私たちの「心」の一部で「記憶」という形に変容して今も生き続けています。

ワインにも宿る「心」とは？

アルゼンチンのワイナリー巡りを回想する中で、ワインにも人間と同じような「心」が生じると考えるようになりました。「心（情動）」には素粒子（量子）の性質があり、固有の波長をもつ波動エネルギーの一種ではないかと思えるのです。

そこで今はやりの「人工知能（ChatGPT）」に以下のような質問をしてみました。

「情動と波動の関係を教えてください」

「情動と波動は密接に関係しています。具体的には、私たちの感情は波動のエネルギーとして表現されることがあります。波動とは、エネルギーが空間を伝播する振動のことであり、私たちが感じる感情も同様に波動として存在しています。感情にはさまざまな波動があり、それぞれが異なる周波数や振幅をもっています。たとえば、喜びや愛情といったポジティブな感情は、高い周波数の波動をもっています。一方、怒りや不安といったネガティブな感情は、低い周波数の波動をもっています。このように、私たちの感情は周波数や振幅といった波動の性質によって表現されます。そのため、私たちがもつ感情が周囲の人や環境に影響を与えることがあります。たとえば、ポジティブな感情をもっている人は周囲の人々に良い影響を与え、ネガティブな感情をもっている人は周囲の人々に悪い影響を与えることがあります。したがって、情動と波動は密接に関係しており、私たちがもつ感情が私たち自身や周囲の環境に与える影響を理解するためには、波動の性質を理解することが重要です」

このような、かなり納得できる回答が返ってきました。

人・意識・感情・動物・植物・物質・音・水など、世の中にあるすべての「存在」は、どうも、人の目では確認できないほどの小さな素粒子（量子）の「集まり」からできていて、ワイン造りにおけるテロワールや複雑な醸造過程でも、物質の最小単位である素粒子の無数の集まりが自己組織化（自発的秩序形成）を無限回繰り返す中で「心」が生じるようなのです。つまり、最初に生じる「心」はスイッチのオン・オフのような単純な素粒子のランダムな変化に過ぎませんが、そのような変化が幾度も重なり合って複雑さを増して秩序立っていく過程で「心」が生まれ、進化・成長していくのではないでしょうか。

COLUMN 6

量子もつれ

量子は物理学の分野で使用される概念であり、エネルギーや粒子の振る舞いを説明するために用いられます。量子力学によれば、エネルギーや物質は「量子」と呼ばれる不可分のミクロな単位で存在します。また、量子は、波動性と粒子性の両方の性質をもつことが認識されています。

「量子もつれ（Quantum entanglement）」は、その量子力学において最も重要な概念です。もつれとは、二つ以上の量子からなる系が相互に絡み合っており、一つの系の状態がほかの系に即座に影響を与える状態を指します。量子もつれは、以下のような特徴をもちます。

◇もつれている二つ以上の量子系は、相互に関連し合い、全体で一つとして振る舞います。

COLUMN

つまり、それらの系の状態は相互に依存しており、片方の系の変化がほかの系に即座に反映されるのです。

◇もつれている量子系は、時間や空間の制約を超えて関連性をもちます。片方の系の状態が変化すると、ほかの系の状態も瞬時に変化します。

量子もつれは科学的な実験でも確認されている現象で、すでに量子通信や量子コンピューティングなどの分野で重要な役割を果たしています。

量子もつれの理論的な解釈や応用にはいくつかの議論がありますが、その本質的なメカニズムや実際の応用はまだ完全に解明されているわけではありません。しかし、もつれは現代の量子力学の中心的な概念であり、この概念によって近い将来において「魂」や「心」の存在を科学的に説明できる時代の到来が期待されます。

3-3 「心」の特徴（共認機能）

これまで述べてきた人間の「五感」は典型的な共認回路であり、人間は「共認機能」で生きているといっても過言ではありません。

共認とは、ともに認め合うこと。人間の集団や社会は、互いに課題を共認し、役割を共認することで秩序が保たれています。簡単にいうと、相手の期待に応えて、相手からの良好な反応が得られることで充足を得る機能なのです。この共認によって得られる充足感は、私たちの「心」に最高の喜びを与え、活力の源になります。

また、生物一般の共認機能の基礎となっているのが、「共感機能」ないしは「共鳴機能」です。誰かと共感や共鳴をしてとても嬉しくなったり楽しくなったりして、深い充足感を得たという経験は誰にもあるのではないでしょうか。たとえば、「合唱をしてみんなと一体感が得られたとき」「運動会の行進でみんなと足並みがそろったとき」などです。

このような共感・共鳴状態は、自分と他人が情動的に一体化したような関係が確立されたときに起こります。これは「通じ合うことへの欲求」が満たされる至福の境地ともいえ、周囲の人々と波長が共鳴して「心」が通じ合い、繋がりを実感できることが、「心」にとって最高に幸せな状態なのではないでしょうか。米国の研究で、「ベリーハッピーな人」の共通点は、お互いを理解し合える「アミーゴ（友達）がいる」ことだそうです。これまで、私たちは「物」や「お金」を集めることに価値を見出してきましたが、歳を重ねてくるとどうもそれだけでは幸せにはなれないことに気付きます。私は「心」が自ら発する歓喜的な情動の波と共鳴する「アミーゴ」が一人でもいれば、幸せになれるように思います。

私は「何かの縁あるいは絆」に引き寄せられて二〇年ぶりにアルゼンチンのＤＭ氏とお会いしました。これは、「心」のもつ性質の一つ「**引き寄せの法則**」に違いありません。運命は自分自身の想念が基になって引き寄せていると思わざるをえないのです。この引き寄せの法則によって「縁や絆」が生じて人間社会が形成され、さらに個人の本質に見合ったさまざまな現実が繰り広げられているのが私たちの生きている世界なのではないでしょうか。これらは地球という心をもつ「巨大な生命体」の中で相互に繋がり関連し合っている表象なのかもしれません。

ワインの醸造過程を通じて、「心」の発生および成長プロセスを考察したところ、「心」は私たち人間だけではなく、恐竜やワインといった名称のあるすべての「存在」に宿って進化・成長するとの考えに至りました。

また、これまで自然科学の三大不思議とされてきた「宇宙」「生命」「素粒子」は相互に関連し合ったシステム（系）であり、これらの三大不思議には共通した基本原理や枠組みが存在するのではないでしょうか。

つまり、宇宙に最初に生じた「存在」が素粒子（量子）からなると仮定すると、その素粒子が「粒」として進化した複雑な系が「物質」であり、素粒子が「波」として進化した複雑な系が「心」ではないかと思えるのです。

エピローグ

このワインの本の執筆を終えて、テロワールやビオディナミ農法などを駆使している「ワイン造り」は、本当に「心」を生み育てるものだと実感しました。そして、「心」が過去・現在・未来の記憶に何らかの変容をもたらす力、つまり、エネルギーの一種であり、かつ量子の性質をもつことに気付きました。

また、日本からすれば地球の裏側になるアルゼンチンで、四半世紀以上も前に一期一会のつもりでお会いしたＤＭ氏と私の「心」同士が共鳴して、長い距離と時間を超えて、繋がり続けていたという事実は本当に驚きでしかありません。

残念なことにコロナ禍の真っただ中の二〇二一年一月初旬、ＤＭ氏は病気でお亡くなりになりましたが、ＤＭ氏の「心」は中生代末に絶滅した恐竜たちの「心」やワイン造りの過程で生まれるワインの「心」と同じように、私たちの「心」の一部で、「記憶」という形に変容して今も生き続けています。

もしかしたら、一三八億年前に一つの素粒子の誕生から始まった宇宙にも「心」があり、その「心」も私たちの「心」と一緒に進化を続けているのかもしれません。

この本を手に取って読んでいただいた皆様の「心」は、「何かのご縁あるいは絆」で私やDM氏の「心」と共鳴して、アルゼンチンに興味をもっていただけたのではないでしょうか。

最後に、この本を出版するにあたり、ワインの豊かな話題に多大なるご協力をいただいた大野一美さん、小澤環綺さん、高野久仁子さん、デザイナーの文字モジ男さんおよび本書出版元の松嶋薫さんほか多くの方々に心よりお礼申し上げます。

二〇二三年十月吉日　　筆者　古野正憲

参考にした主な出版物

◇『新しいワインの科学』ジェイミー・グッド著、梶山あゆみ訳、河出書房新社（Jamie Goode, WINE SCIENCE: The Application of Science in Winemaking）
◇『フランスのワインと生産地ガイド』シャルル・ポムロール監修、フランス地質学・鉱山学研究所編集、鞠子正訳、古今書院
◇『人体の不思議議 コントロールする 神経系・感覚器』佐藤達夫監修、メディシュ
◇『人間は脳で食べている』伏木亨著、筑摩書房
◇『脳はどこまでコントロールできるか？』中野信子著、ベストセラーズ
◇『ウイルスは生きている』中屋敷均著、講談社

著者紹介

古野 正憲（ふるの まさのり）

世界 20 ヵ国以上で金や銅の探鉱・開発を行ってきた地質学者で、早稲田大学博士（工学）取得。特に南米大陸の地質学的な研究活動は 30 年を越える。研究論文としては「チリ北部の銅鉱床と銅の集積機構ー構造侵食の重要性ー（2018）」など多数あるが、一般向けの書籍は本稿が初めての執筆となる。
著者の地質研究の場所は南半球が多く、特にアルゼンチン、チリ、オーストラリアおよび南アフリカ共和国などの国々では食事の時の飲み物といえば必ずワインが付きもの。つまり、著者のワイン研究の期間は、専門分野である地質研究の期間に匹敵する。

ワインは恐竜の時代がお好き

アルゼンチンの大自然から生まれる心と絆

2023 年 11 月 20 日　第 1 刷発行

著者　古野 正憲

発行　松嶋 薫
〒 140-0011　東京都品川区東大井 3-1-3-306
株式会社 メディア・ケアプラス
Tel：03-6404-6087　Fax：03-6404-6097

表紙イラスト　小澤 環綺
装丁／本文デザイン　文字 モジ男
印刷・製本　日本ハイコム 株式会社